Erläuterungen

zu den

Sicherheitsvorschriften

für den Betrieb

elektrischer Starkstromanlagen.

———

Herausgegeben

von der

Vereinigung der Elektrizitätswerke.

München und **Berlin 1904.**

Druck und Verlag von R. Oldenbourg.

Inhaltsverzeichnis.

Erläuterungen zu den Sicherheitsvorschriften für den Betrieb elektr. Starkstromanlagen.

(Herausgegeben von der Vereinigung der Elektrizitätswerke.)

I. Allgemeine[1]) Betriebsvorschriften für Elektrizitätswerke und andere Stromerzeugungsanlagen.[2])

§ 1.

Vorschriften, Warnungstafeln und Pläne.

In jedem Betriebe[3]) sollen an geeigneter und jedem Arbeiter zugänglicher Stelle angebracht sein:

a) die Vorschriften der zuständigen Berufsgenossenschaft einschließlich der Vorschrift über die erste Hilfeleistung bei Unglücksfällen;

b) Warnungstafeln, welche auf die Gefahr der Berührung aufmerksam machen.

Diese Warnungstafeln müssen, wenn die Leitungen oder sonstige zugängliche Betriebsmittel Hochspannung führen, den roten Blitzpfeil tragen. Das kleinste zulässige Format für Warnungstafeln beträgt 20 × 10 cm. Die Warnungstafeln sind außerdem noch an besonders gefährlichen Stellen anzubringen.

Es sollen ferner in jedem Betriebe für jeden Angestellten leicht erreichbar untergebracht sein:

a) das Schaltungsschema der Anlage,

b) die in Frage kommenden Sicherheitsvorschriften des Verbandes deutscher Elektrotechniker, e. V.,

c) diese Betriebsvorschriften.

Die Betriebsleitung hat darauf zu achten, daß
Änderungen in der Anlage im Schaltungsschema
fortlaufend nachgetragen werden. [4])

Erläuterung:

[1]) Die Sicherheitsvorschriften für den Betrieb elektrischer
Starkstromanlagen sollen eine Ergänzung darstellen für die
Sicherheitsvorschriften für die Errichtung elektrischer Starkstromanlagen. Dieselben wurden in ihren Grundzügen von
Mitgliedern der Vereinigung der Elektrizitätswerke aus-
gearbeitet, fanden darauf die Zustimmung der Generalver
sammlung der Vereinigung und des Verbandes deutscher
Elektrotechniker, nachdem dieselben in der Sicherheitskom-
mission des Verbandes nochmals durchberaten waren.

Die Vorschriften zerfallen ihrem sachlichen Inhalt nach
in sechs Abteilungen, die nach zwei verschiedenen Einteilungs-
prinzipien unterschieden sind: nämlich erstens nach einem
örtlichen Teilungsprinzip, indem sich

Abteilung I auf die Zentralen,
    »   II auf Freileitungsanlagen,
    »   III auf Installationen,
    »   IV auf Akkumulatorenanlagen,
    » V u.VI auf Hochspannung beziehen.

Daneben läuft ein zweites Einteilungsprinzip nach der
Höhe der Spannung in der Weise, daß Abteilung I und II
sich sowohl auf Hochspannung als auf Niederspannung beziehen, während in Abteilung III und IV zunächst bloß die
Maßnahmen berücksichtigt werden, die für Niederspannung
nötig sind. Dagegen werden in Abteilung V die besonderen
Maßnahmen behandelt, welche für Hochspannungsanlagen,
und zwar in allen vorher benannten Arten von Anlagen,
notwendig sind.

[2]) Durch die Unterscheidung zwischen Elektrizitätswerken
und anderen Stromerzeugungsanlagen soll zum Ausdruck
gebracht werden, daß die nachstehenden Vorschriften nicht
nur für größere Werke, sondern für jede, auch die kleinste
Fabrikanlage oder Blockzentrale Gültigkeit haben.

³) Ein Betrieb im Sinne der Vorschriften liegt vor, wenn in dem Elektrizitätswerk oder der Stromerzeugungsanlage Betriebspersonal beschäftigt wird. Transformatorenstationen fallen im allgemeinen nicht unter diesen Abschnitt.

⁴) Eine strenge Innehaltung der Bestimmung, daß Änderungen in der Anlage im Schaltungsschema fortlaufend nachgetragen werden, ist von allergrößter Wichtigkeit, und ist es erforderlich, daß nur die Betriebsleitung selbst die Sorge hierfür übernimmt, da durch ein Schaltungsschema, welches mit der tatsächlichen Ausführung nicht genau übereinstimmt, weit größerer Schaden angerichtet werden kann, als wenn dem Personal überhaupt kein Schaltungsschema zugängig gemacht wird (vgl. noch § 4 b).

§ 2. Personal.

a) Jeder im Betriebe Beschäftigte hat von den angeschlagenen sowie den zur Einsichtnahme bereit liegenden Vorschriften Kenntnis zu nehmen und denselben in allen Punkten nachzukommen. Insbesondere sind die bereit gestellten Schutzmittel¹) nach Vorschrift in Gebrauch zu nehmen.

b) Die Arbeiter müssen eng anschließende Kleidung tragen.

c) Jeder im Betriebe Beschäftigte hat von allen Vorkommnissen und Zuständen, welche nach seiner Meinung eine Gefahr für die Anlage oder für Personen im Gefolge haben können, seinem Vorgesetzten unverzüglich Anzeige zu machen.²)

Erläuterung:

¹) Unter Schutzmittel sind z. B. verstanden: Isolierstände, Gummihandschuhe, Isolierzangen, unter Umständen Schutzanzüge. In Akkumulatorenräumen können Wollanzüge in Frage kommen (vgl. § 9 d).

²) Außer den vorstehenden Bestimmungen wird jeder Betriebsleiter von Hochspannungszentralen noch besondere Rücksicht bei der Auswahl seines Personals zu beobachten und vor allem darauf zu sehen haben, daß sich keine herzkranken Personen und keine Gewohnheitstrinker unter denselben befinden.

§ 3. Betriebsmittel und Betriebsräume.

a) Betriebsräume müssen, solange Personen sich darin aufhalten, hinreichend beleuchtet sein.[1])

b) Alle Betriebsmittel sind mit den vorgeschriebenen Schutzvorrichtungen zu versehen.[2])

c) Die Bedienungsgänge sind stets frei zu halten.

d) Die Betriebsmittel und Schutzvorrichtungen, sowie alle Betriebsräume sind in gutem Zustande und rein zu erhalten. Unter Spannung befindliche Betriebsmittel dürfen nur unter Beachtung besonderer Verhaltungsvorschriften[3]) gereinigt werden. Vorschriften und Warnungstafeln sind stets in leserlichem Zustande zu erhalten.

e) Entzündliche Gegenstände dürfen nicht in gefährlicher Nähe elektrischer Maschinen, Apparate und Leitungen aufbewahrt werden. Putzwolle ist in besonderen Metallkasten unterzubringen.

f) Zum Löschen eines etwa entstehenden Brandes sind geeignete Löschmittel, wie z. B. trockener Sand, an passenden Stellen bereit zu halten. Das Anspritzen von unter Spannung stehenden Teilen ist zu unterlassen.[4])

g) Maschinen, Apparate und Leitungen sind nach längerer Außerbetriebsetzung[5]), besonders wenn dieselben in feuchten Räumen sich befinden, vor der Inbetriebnahme auf Isolation zu prüfen, und letztere ist erforderlichenfalls wiederherzustellen.

h) Arbeiten an Spannung führenden Teilen sind nur unter Beachtung der im nachfolgenden angegebenen sowie etwaiger vom Betriebsleiter erlassener Sicherheitsvorschriften statthaft. In explosionsgefährlichen oder durchtränkten Räumen dürfen Arbeiten an Spannung führenden Teilen unter keinen Umständen ausgeführt werden.

i) Der Austausch durchgebrannter Sicherungen[6]) hat mit Vorsicht zu erfolgen und darf nur durch instruiertes Personal vorgenommen werden.

Erläuterung:

[1]) Unter Umständen wird eine Notbeleuchtung vorzusehen sein.

[2]) Welche Schutzvorrichtungen und wo diese vorgeschrieben sind, ergibt sich aus den Sicherheitsvorschriften für die Errichtung elektrischer Starkstromanlagen. Der Betriebsleiter muß sich jedoch von ihrem Vorhandensein und ihrer zweckmäßigen Anordnung überzeugen und dieselben allenfalls ergänzen.

[3]) Das Anspritzen mit Wasser ist deshalb zu vermeiden, weil es meistens nichts nützt, dagegen Kurzschlüsse herstellt und die Isolation verdirbt Als geeignetes Löschmittel wird außer trockenem Sand flüssige Kohlensäure in besonderen für Löschzwecke hergestellten Apparaten vielfach empfohlen.

[4]) Die besonderen Verhaltungsvorschriften sind vom Betriebsleiter den jeweiligen Verhältnissen entsprechend zu erlassen, im übrigen siehe § 11.

[5]) Eine genaue Festsetzung dieser Dauer der Außerbetriebsetzung ist nicht möglich. Die Isolationsprüfung muß vorgenommen werden, sobald eine begründete Vermutung besteht, daß die Isolation der erwähnten Betriebsmittel während der Dauer der Ausschaltung durch Feuchtigkeit gelitten hat. Das übliche Verfahren, die Isolation in solchen Fällen wiederherzustellen, ist das Austrocknen entweder durch Öfen, Kohlenkörben usw. oder mit Hilfe des elektrischen Stromes.

[6]) Hier kann in erster Linie die Verwendung isolierter Werkzeuge beim Austausch der Sicherungen in Frage kommen, unter Umständen auch von isolierten Unterlagen unter den Füßen des Bedienungspersonals, Abdecken benachbarter Teile usw.

§ 4. Revisionen.

a) Alle Betriebsmittel müssen in angemessenen Zwischenräumen revidiert werden, wobei den zum Schutze des Personals und des Publikums eingeführten Schutzvorrichtungen besondere Aufmerksamkeit zu schenken ist. Dabei ist auch der Isolations-

zustand der Betriebsmittel und der Zustand der
Erdungsleitungen zu kontrollieren.[1]

b) Das Resultat der Revision ist in ein Buch
einzutragen, welches nur diesem Zwecke dient; die
erfolgte Beseitigung etwaiger Mängel ist darin ebenfalls zu vermerken.

Erläuterung:

[1] Eine bestimmte Zeitangabe, innerhalb welcher die
Revisionen wiederholt werden müssen, läßt sich generell
nicht geben, da dieselbe zu sehr von den örtlichen Verhältnissen abhängt. Es empfiehlt sich jedoch, die Zeitperiode
nicht größer als ein Jahr zu bemessen.

II. Betriebsvorschriften für Freileitungen.[1]

§ 5.

a) Der erforderliche Abstand zwischen Freileitungen und Bäumen oder Gebäudeteilen muß
durch entsprechende Maßnahmen aufrechterhalten
werden.[2]

b) Leitungsanlagen sind jährlich mindestens
einmal einer Revision zu unterwerfen Dabei sind
gefahrdrohende Mängel zu beseitigen[3].

c) Die an den Freileitungen angebrachten Schutznetze, Blitzableiter und Erdungsstellen sind in gutem
Zustande zu erhalten.

Erläuterung:

[1] Als Freileitungen gelten nach der Definition der
Sicherheitsvorschriften für die Errichtung elektrischer
Starkstromanlagen (§ 3 d) »alle oberirdischen Leitungen außer-
halb von Gebäuden, die weder metallische Umhüllung noch
Schutzverkleidung haben; Schutznetze, Schutzleisten und
Schutzdrähte gelten nicht als Verkleidung«.

[2] Der erforderliche Abstand der Freileitungen einschließlich der in dieselben eingebauten Apparate von
Gebäudeteilen ist durch die Sicherheitsvorschriften für die
Errichtung elektrischer Starkstromanlagen (Hochspannung
§ 23 k) dadurch festgesetzt, daß diese von den Gebäuden aus
ohne besondere Hilfsmittel nicht zugängig sein dürfen.

Unter der erforderlichen Entfernung zwischen Freileitungen und Bäumen ist verstanden, daß die letzteren
normalerweise auch nicht durch Wind mit den Freileitungen
in Berührung kommen dürfen. Erforderlichenfalls ist perio-
disch ein Ausästen der Bäume vorzunehmen.

Um entsprechende Maßnahmen treffen zu können, ist
eine genaue Kenntnis des gesamten Versorgungsgebietes und
aller in diesem vorkommenden Veränderungen erforderlich;
bei ausgedehnten Hochspannungszentralen hat das Personal
hierauf ganz besondere Sorgfalt zu verwenden, und es muß
von allen Umbauten, Neubauten, Wegeveränderungen, Neu-
anpflanzungen usw. die Betriebsleitung stets auf dem laufen-
den erhalten bleiben.

[3]) Außer einer jährlichen Revision der Freileitungsanlagen
empfiehlt es sich, mindestens eine vierteljährliche Begehung
aller Strecken vorzusehen. Eine solche erscheint insbesondere
nach jedem Sturm oder Unwetter geboten.

Hier sei auch auf die Vorschrift für die Unterhaltung
von Holzgestängen für elektrische Starkstromanlagen hin-
gewiesen (vgl. Mitteilungen 1903 S. 78 und E. T. Z. 1903, S. 156).

III. Betriebsvorschriften für elektrische Installa-
tionen und Stromverbraucher, welche mit Niederspannung betätigt werden.

§ 6. Zustand der Anlagen. [1])

Die elektrischen Anlagen sind den »Sicherheitsvorschriften für die Errichtung elektrischer Starkstromanlagen« des Verbandes deutscher Elektrotechniker entsprechend in ordnungsmäßigem Zustande zu erhalten. Insbesondere ist den folgenden
Punkten Aufmerksamkeit zuzuwenden [2]):

a) Der Zugang zu Maschinen und Apparaten,
insbesondere Schalt- und Verteilungstafeln, muß
stets frei gehalten werden. [3])

b) Schutzkästen und Schutzhüllen jeder Art
müssen in brauchbarem Zustande erhalten werden.

c) Warnungsschilder, Bedienungsvorschriften
usw., soweit vorgeschrieben, sind in leserlichem
Zustande zu erhalten.

Erläuterung:

¹) Unter »elektrische Installationen« ist die Leitungsanlage verstanden, welche den Stromverbrauchern, wie Lampen, Motoren, Umformern, Heizkörpern, Akkumulatoren usw., die Elektrizität zuführen soll, und zwar von der Stromerzeugungsanlage bis zum Stromverbraucher Wird die Elektrizität von außerhalb des Grundstückes oder des Gebäudes bezogen, sei es unterirdisch durch Kabel oder oberirdisch von Freileitungen aus, so beginnt die elektrische Installation mit dem Eintritt der Leitungen in das Grundstück bzw. das Gebäude. Im Falle jedoch das Elektrizitätswerk die Unterhaltung und Wartung seiner Anlagen bis zum Hausanschluß oder Elektrizitätszähler sich vorbehalten hat, was meistens zutrifft, so beschränkt sich die Instandhaltungspflicht des Benutzers der Installation naturgemäß auf den restlichen Teil.

²) Im Laufe der Jahre haben die Sicherheitsvorschriften für die Errichtung elektrischer Starkstromanlagen des Verbandes deutscher Elektrotechniker wiederholt Änderungen erfahren, jedoch stets mit der Maßgabe, daß die Änderungen keine rückwirkende Kraft besitzen. Aus diesem Grunde ist der ordnungsmäßige Zustand einer elektrischen Anlage im allgemeinen nicht zu verneinen, sofern derselbe den bei Errichtung der betreffenden Anlage gültig gewesenen Sicherheitsvorschriften entspricht, es sei denn, daß sich inzwischen früher zulässige Installationsmethoden oder Apparate als direkt unbrauchbar erwiesen hätten (z. B. Holzleisten in feuchten Räumen usw.). Alle Erneuerungen bestehender elektrischer Anlagen oder Teile derselben sowie Erweiterungen sollen jedoch tunlichst gemäß den neuesten Sicherheitsvorschriften zur Ausführung gebracht werden.

³) Ist z. B. ein Motor an der Wand auf einem Konsol unter der Decke montiert und kann nur mit Hilfe einer Leiter bedient werden, so soll der Platz zum Anlegen der Leiter ebenfalls frei bleiben. Ebensowenig dürfen vor Teilen der Anlage, welche eine Bedienung erfordern, wie z. B. vor Schalt- und Verteilungstafeln, Meßgeräten, Stromverbrauchern, Bogenlampenwinden und Widerständen, Anlaß- und Kontrollapparaten usw., weder Waren noch sonstige Gegenstände so aufgestellt werden, daß die erforderliche Bedienung verhindert oder verzögert, oder daß die Wirkung von Schutzvorrichtungen, wie Geländer usw., beeinträchtigt wird; z. B. dürfen auch Mäntel, Hüte usw. nicht so aufgehängt werden, daß sie die Bedienung erschweren.

§ 7. Revisionen.[1])

a) Zur Kontrolle ihres ordnungsmäßigen Zustandes sind alle Anlagen zunächst vor Inbetriebsetzung und sodann in angemessenen Zwischenräumen zu revidieren, wobei den vorgeschriebenen Schutzvorrichtungen besondere Aufmerksamkeit zu schenken ist. Hierbei ist auch der Isolationszustand der Anlagen zu kontrollieren. Erhebliche Erweiterungen sind wie Neuanlagen zu behandeln.[2])

b) Werden bei der Revision Fehler entdeckt, so sind dieselben in angemessener Frist zu beseitigen.

c) Über jede Revision ist ein Protokoll aufzunehmen, in das die etwa vorgefundenen Fehler und die zu ihrer Beseitigung empfohlenen Maßnahmen einzutragen sind.

d) Die Revisionen haben stattzufinden: in Warenhäusern, Theatern sowie feuergefährlichen und durchtränkten Räumen jährlich mindestens einmal; in gewöhnlichen Läden, Betriebsräumen und Bureaus alle drei Jahre einmal; in Wohnungen alle fünf Jahre einmal.[3])

Erläuterung:

[1]) Die Revisionen sollen dazu dienen, etwaige Mängel der Anlagen, welche Personen oder den Betrieb gefährden oder zu Brandschäden Veranlassung geben können, aufzudecken. Es ist daher je nach der Bedeutung, welche etwaigen durch solche Fehler herbeigeführten Schäden für Personen oder für die Anlage beizumessen ist, entsprechend den örtlichen sowie den Betriebsverhältnissen in mehr oder weniger kurzen Intervallen für sachgemäße Revisionen Sorge zu tragen.

In Räumen mit großen Menschenansammlungen, wie Theatern, Konzertsälen, sowie in Räumen mit leicht brennbarem Inhalt, wie Warenhäusern usw., wird das Hauptaugenmerk auf die Feuersicherheit der Anlage, in feuchten und durchtränkten Räumen dagegen auf die Sicherheit der Personen zu lenken sein, indem für Instandhaltung der Schutzvorkehrungen sowie den guten Isolationszustand der Anlage Sorge getragen wird.

²) Vgl. Sicherheitsvorschriften für die Errichtung elektrischer Starkstromanlagen § 2 d—f.

³) Die hier angegebenen Termine beziehen sich auf die günstigsten Verhältnisse; es werden aber auch in gewöhnlichen Läden und Wohnungen Verhältnisse herrschen können, welche häufigere Revisionen bedingen, denen alsdann Rechnung getragen werden muß.

§ 8. Arbeiten im Betriebe.[1]

a) Jede unnötige Berührung von ungeschützten stromführenden Leitungen sowie Teilen von Maschinen, Apparaten und Lampen ist verboten.[2]

b) Installationsarbeiten an unter Spannung stehenden Leitungen und Apparaten sind nach Möglichkeit zu vermeiden.

c) Betriebsarbeiten (Reinigungs- und Instandhaltungsarbeiten) dürfen nur durch instruiertes Personal ausgeführt werden, und zwar, wenn irgend angängig, nur im spannungslosen Zustande der Leitungen. Sämtliche Betriebsarbeiten dürfen nur bei ausreichender Beleuchtung vorgenommen werden.[3]

d) In explosionsgefährlichen oder durchtränkten Räumen sind Arbeiten unter Spannung verboten.[4]

e) Wenn Arbeiten unter Spannung vorgenommen werden müssen, so sind bei deren Ausführung die folgenden Bestimmungen zu beachten:

1. Nach Möglichkeit müssen an den betreffenden Apparaten, Schalttafeln usw. alle ungeschützten unter Spannung stehenden Teile so weit abgedeckt werden, daß die gleichzeitige Berührung verschiedener Polaritäten oder Phasen für den Arbeitenden ausgeschlossen ist.[5]

2. Es dürfen nur Werkzeuge benutzt werden,
deren Metallteile, sofern ihre Handhabung es
zuläßt, mit Isoliermaterial überzogen sind.[6]
3. Der Arbeitende hat sich auf eine isolierende
Unterlage zu stellen und dabei die Berührung
unisoliert stehender Personen und leitender
Gegenstände zu vermeiden.[7]

Erläuterung:

[1]) Unter Arbeiten im Betrieb sind Arbeiten zur Instandhaltung und Wartung der Stromverbraucher sowie Instandhaltungsarbeiten an der Leitungsanlage verstanden, sofern
dieselben unter Spannung stehen. Zu der letzteren Art
gehört auch das Auswechseln von Sicherungen, Zählern,
Meßinstrumenten usw.

[2]) Diese Vorschrift trifft neben dem Personal, das mit
dem Betriebe betraut ist, ganz besonders die Benutzer und
deren Personal. Zur Entlastung von der Verantwortlichkeit
empfiehlt es sich, in Werkstätten, Läden usw. hierauf in
passender Weise hinzuweisen.

[3]) Über den spannungslosen Zustand hat sich der Arbeiter zu vergewissern. Jedenfalls ist zu berücksichtigen,
daß z. B. ein Transformator noch immer nicht spannungslos
ist, wenn seine Primärleitung abgetrennt ist, da er von der
sekundären her Spannung erhalten kann, wenn diese an einem
Netz liegt; auch durch Motoren kann Spannung entstehen. Das
gleiche gilt für Ringleitungen in bezug auf das Abtrennen einer
Speiseleitung, wenn deren mehrere vorhanden sind.

[4]) Auf Akkumulatorenräume findet diese Bestimmung
keine Anwendung.

[5]) Unfälle in elektrischen Betrieben entstehen häufig
dadurch, daß stromführende Leitungen in unbeabsichtigter
Weise berührt werden, wobei zu der physiologischen Wirkung
des den Körper durchfließenden Teilstromes noch die Wirkung
des Schreckes hinzutritt. Auch sind Tötungen durch Berühren
elektrischer Leitungen eingetreten, ohne daß auch nur die
geringsten Spuren des Stromdurchganges durch den Körper
zu bemerken waren; die Todesursache war hier fast aus-
nahmslos ein durch den Schreck herbeigeführter Herzschlag.

Es ist daher ein Hauptaugenmerk darauf zu richten,
daß alle unter Spannung stehenden Leiterteile der zufälligen

unbeabsichtigten Berührung, sei es durch Abdeckung mit
Isoliermaterial oder durch Schranken, entzogen werden.

⁶) Das Überziehen normaler Werkzeuge mit Gummi ist
durch jede größere Gummifabrik ausführbar; unter Umständen
genügt auch schon bei Niederspannungsanlagen ein mehrfacher
Anstrich mit isolierendem Emaillelack.

⁷) Die hier angegebenen Schutzmittel sind die gebräuch-
lichsten und am leichtesten anzuwenden; doch soll weder
damit gesagt sein, daß bei Anwendung derselben jegliche
Gefahr ausgeschlossen ist, noch daß andere gleichwertige
Schutzmaßregeln verboten sind.

IV. Betriebsvorschriften für Akkumulatorenanlagen.¹)

§ 9.

a) Akkumulatorenräume müssen während der
Ladung gut gelüftet werden. Offene Flammen und
glühende Körper dürfen während der Überladung
nur bei Reparaturen und dann nur bei Anwendung
entsprechender Vorsichtsmaßregeln in denselben
geduldet werden.²)

b) Die Gebäudeteile und Betriebsmittel einschließlich der Leitungen sowie die isolierenden
Bedienungsgänge sind vor schädlicher Einwirkung
der Säure zu schützen und von Zeit zu Zeit auf
gute Beschaffenheit zu untersuchen.

c) Verschüttete Säure ist tunlichst bald unschädlich zu machen.³)

d) Für die in Akkumulatorenräumen beschäf-
tigten Arbeiter sind erforderlichenfalls entsprechende
Schutzmittel bereit zu halten.⁴)

e) Essen, Trinken und Rauchen in Akkumulatorenräumen ist verboten⁵). Die Akkumulatorenwärter sind zur Reinlichkeit anzuhalten und auf
die Gefahren, welche Säure und Bleisalze mit sich
bringen, aufmerksam zu machen. Für ausreichende
Wascheinrichtungen und Waschmittel ist Sorge zu
tragen.

Erläuterung:

[1]) In Akkumulatoren-Betriebsräumen, in denen sich Bleisalze und Schwefelsäure befinden und woselbst zu Ende der Ladung Knallgasentwicklung auftritt, sollen die Vorsichtsmaßregeln sich richten: einmal auf die Verhütung von Explosionen infolge Entzündung des Knallgases (Lüftung und Vermeidung offener Flammen), ferner auf dauernden Schutz der Gebäudeteile vor der zerstörenden Einwirkung der Säure und schließlich auf Bewahrung des Personals vor gesundheitsschädlichen Einflüssen der Säure und Bleisalze.

[2]) Die Explosionsgefahr ist erfahrungsgemäß verhältnismäßig gering, da das erzeugte Gas, welches nur während des letzten Teiles der Ladeperiode sich bildet, sehr leicht ist und daher aus offenen Fenstern und Türen oder Abzugskanälen, wie Schornsteinen, schnell abzieht. Eine intensive künstliche Lüftung hat den Nachteil, daß die mit Säure geschwängerte Luft in die weitere Nachbarschaft getrieben wird und hier durch Ablagerung der Säure zerstörende Wirkungen und Belästigungen ausübt.

Bei Ausführung von Lötarbeiten in Akkumulatorenräumen während der Ladung haben die Akkumulatorenfabriken bisher lediglich für geringen Durchzug durch Öffnen von Türen und Fenstern Sorge getragen, was vollkommen genügt hat, um Explosionen auszuschließen.

[3]) Von den Gebäudeteilen sind namentlich die Fußböden der schädlichen Einwirkung der Säure ausgesetzt, da die beim Laden mitgerissenen Säureteilchen sich an den Elementen, Leitungen und Gehängen niederschlagen und zur Erde tropfen. Die Säure zerstört alsdann bei längerer Einwirkung sowohl gewöhnlichen Asphalt als auch Zement, Stein und Eisen.

Solche Stellen sind tunlichst bald gründlichst auszubessern, damit eine bedenkliche Verringerung der Tragfähigkeit vermieden wird. Etwaige beim Nachfüllen der Elemente oder beim Transport verschüttete Säure soll durch Aufsaugen mittels Sägespäne oder Sand oder durch Fortspülen oder durch Neutralisieren unschädlich gemacht werden.

Als bester Schutz des Fußbodens haben sich säurefeste Fliesen bewährt. Ist der Fliesenbelag noch mit geringem Gefälle angelegt, um denselben mit Wasser abspülen zu können, wobei Vorkehrung getroffen sein muß, daß das Spülwasser Abfluß findet, so wird die tadellose Erhaltung des Fußbodens die geringsten Schwierigkeiten machen. Zum Schutze der Wände, Decken, Gehänge und Leitungen wählt man vorwiegend säurebeständige Anstriche, die jedoch nur beschränkte Haltbarkeit besitzen und daher von Zeit zu Zeit zu erneuern sind.

⁴) Obgleich im allgemeinen die Akkumulatorenwärter bei Ausübung ihres Dienstes mit Blei nicht in unmittelbare Berührung kommen sollen und daher auch diese Räume in gesundheitlicher Beziehung nicht gefährlicher erscheinen als die anderen Betriebsräume, so ist es doch angezeigt, die Wärter auf die Gefahr, welche das Hantieren mit Blei mit sich bringt, aufmerksam zu machen und Vorbeugungsmittel zur Verhütung der Bleikrankheiten bereit zu halten. Die Hauptsorge erstreckt sich darauf, zu verhindern, daß Blei oder Bleisalze in den Körper eindringen, sei es nun durch die Poren der Haut oder durch Mund und Nase. Gründliche Reinhaltung der Haut durch Waschungen (allenfalls unter Zusatz von etwas Schwefelleber zum Waschwasser, welches das an der Haut haftende Blei in eine unlösliche Form überführt) ist oberstes Gesetz für Akkumulatorenwärter. Gegen die Einwirkung der Säure sind als Schutzmittel zu nennen Wollkleider und Respiratoren.

⁵) Hierdurch soll ausgeschlossen werden, daß Blei in den Magen gelangt und Kolik verursacht.

V. Betriebsvorschriften für Hochspannungsanlagen.

§ 10.

Räume, in welchen Hochspannung führende Teile ungeschützt (d. h. zufälliger Berührung zugänglich) angebracht sind, sind durch Warnungstafeln zu kennzeichnen und verschlossen zu halten. Sie dürfen während des Betriebes zur Vornahme von Arbeiten nur von mindestens zwei Personen, die besonders dazu ermächtigt und eingehend instruiert sind, betreten werden. Eine Berührung Hochspannung führender Leitungen und Apparate ist wegen der damit verbundenen Lebensgefahr verboten.[1]

Erläuterung:

[1] In allen Betriebsräumen, in denen fortgesetzt Personal anwesend ist, müssen Hochspannung führende Teile vor zufälliger Berührung geschützt sein.

Solche Räume dürfen aber auch nur von Personen betreten werden, welche mit der Anlage vollkommen vertraut sind, oder die sich in Begleitung jemandes befinden, der zu dem instruierten Personal gehört. »Vor zufälliger Berührung geschützt« soll heißen, daß die Teile so angeordnet sind, daß sie entweder nur mit besonderen Hilfsmitteln, wie vermittelst einer Leiter oder mit einem Draht oder dgl., erreicht werden können, oder daß sie mittels eines Schutzgeländers, das ein Warnungsschild trägt, abgesperrt sind, z. B. Hochspannungsmotoren.

Betriebsmäßige Arbeiten an Schaltsäulen usw., auf Straßen und Plätzen, wie z. B. das Auswechseln von Sicherungen, Abschalten von Kabeln und Transformatoren, können in dem Falle auch von einzelnen Personen ausgeführt werden, wenn der Betreffende die Einrichtung der Schaltsäule genau kennt und die Anordnung der stromführenden Teile so ist, daß die Arbeiten ohne Gefahr ausgeführt werden können.

§ 11.

Diejenigen Vorsichtsmaßregeln [1]), welche für Arbeiten unter Spannung gelten, sind zu beachten:

1. wenn die Erdung und Kurzschließung an der Arbeitsstelle selbst nicht ausführbar ist (z. B. Demontage von Kabelmuffen);
2. wenn der mit der Ausführung Beauftragte nicht selbst in der Lage ist, sich davon zu überzeugen, daß die Abschaltung, Erdung und Kurzschließung an geeigneter Stelle (wie Station, Schalthaus, Säule) vorgenommen ist;
3. wenn eine Unsicherheit darüber besteht, ob das Kabel, an welchem gearbeitet werden soll, mit dem abgeschalteten und kurzgeschlossenen wirklich identisch ist.

a) An elektrischen Maschinen, Apparaten und Teilen des Leitungsnetzes darf nur nach vorheriger Ausschaltung und einer unmittelbar an der Arbeitsstelle vorgenommenen Erdung und Kurzschließung der zur Stromleitung dienenden Teile gearbeitet

werden. Zur Erdung und Kurzschließung[2]) dürfen
Leitungen unter 10 qmm nicht verwendet werden.[3])

b) Um behufs Ausführung der verlangten
Arbeiten die erforderlichen Abschaltungen der ent-
sprechenden Hochspannungskabel · mit Sicherheit
vornehmen zu können, ist in jeder Schalt- und
Transformatorenstation ein schematischer Übersichts-
plan niederzulegen, in welchem die vorzunehmenden
Ausschaltungen sowie, falls erforderlich, deren
Reihenfolge bezeichnet sind.

c) Ist aus dringenden Betriebsrücksichten eine
Abschaltung desjenigen Teiles der Anlage, an
welchem selbst oder in dessen unmittelbarer Nähe
gearbeitet werden soll, nicht möglich, so sind folgende
Vorsichtsmaßregeln zu erfüllen:

1. Diese Arbeiten dürfen nur in Gegenwart des
   Betriebsleiters oder eines von ihm besonders
   Beauftragten ausgeführt werden.
2. Die Arbeiter müssen gegen die Einwirkung
   der Hochspannung geschützt sein. Die gute
   Beschaffenheit der Schutzmittel ist vom
   Arbeiter vor jedesmaligem Gebrauch zu
   prüfen.
3. Es sind die erforderlichen Maßnahmen zu
   treffen, um ein unabsichtliches, mit Gefahr
   verbundenes Berühren Hochspannung führender Metallteile zu verhindern.[4])

d) Sicherungen und Unterbrechungsstücke, die
nicht so konstruiert sind, daß man sie ohne weiteres
gefahrlos handhaben kann, müssen mit isolierender
Zange eingesetzt und herausgenommen werden.

e) Eine Unterbrechung des Stromkreises mittels
Sicherung, Unterbrechungsstück oder Steckkontakt
darf nur erfolgen, wenn schädliche Lichtbogen-
bildung dabei nicht auftreten kann.

f) Sind bei Betriebsstörungen oder zur Vornahme von Arbeiten Teile des Leitungsnetzes oder der sonstigen Betriebsmittel oder die ganze Zentrale ausgeschaltet worden [5]), so darf die Wiedereinschaltung erst dann erfolgen, wenn der Betriebsleiter oder ein von ihm besonders Beauftragter sich davon überzeugt hat, daß das gesamte Personal von den Arbeitsstellen zurückgezogen bzw. jeder einzelnen in Betracht kommenden Person von der beabsichtigten Einschaltung rechtzeitig Kenntnis gegeben ist. Die Meldungen sind auch durch Telephon zulässig. Eine vorherige Vereinbarung der Wiederinbetriebsetzung auf einen bestimmten Zeitpunkt genügt allein nicht. Außerdem hat sich der Betriebsleiter oder ein von ihm besonders Beauftragter zu überzeugen, daß alle Schaltungen und Verbindungen in richtiger Weise ordnungsmäßig wiederhergestellt sind und keine Verbindungen bestehen, durch welche ein Übertritt der Hochspannung in außer Betrieb bleibende Teile verursacht werden kann.

g) Das gleiche gilt von neu in Betrieb zu setzenden Leitungen und Apparaten usw.; jedoch hat in diesem Falle der Betriebsleiter oder der von ihm Beauftragte außerdem die Pflicht, sich durch Inaugenscheinnahme aller zugänglichen Stellen, allenfalls auch durch Vornahme entsprechender Prüfungen, davon zu überzeugen, daß durch die Inbetriebsetzung eine Gefährdung von Menschenleben ausgeschlossen ist.

Erläuterung:

[1]) Vgl. § 11 c.

[2]) Die Kurzschließung und Erdung bezwecken, dem Personal ein Berühren der betreffenden Leiterteile ohne Gefährdung zu ermöglichen. Die Kurzschließung soll dabei unter anderem bewirken, daß bei irrtümlicher Einschaltung derjenigen Leiterteile, an welchen gearbeitet wird, die zu-

gehörigen Sicherungen abschmelzen und die Leitung dadurch stromlos wird. Da hierbei jedoch die Schmelzsicherung einer Leitung (eines Poles) unversehrt bleiben und letztere somit die Hochspannung gegen Erde behalten kann, so ist die betreffende Leitung außerdem noch zu erden. Durch diese Erdverbindung kann unter Umständen ein derartig starker Strom fließen, daß auch die letzte Sicherung der geerdeten Leitung funktioniert. Deshalb ist die Erdungsverbindung so herzustellen, daß sie genügende Leitungsfähigkeit besitzt.

³) Das Kurzschließen kann bei blanken Freileitungen durch Auflegen eines passend geformten Drahtbügels oder biegsamen Drahtseiles erfolgen. Dieser muß jedoch vorher mit einem Erdungsdraht versehen sein, und es ist zuerst die Erdungsverbindung herzustellen, ehe das Kurzschließen und Erden der Leitung erfolgt. Bei Aufhebung der Kurzschließung ist die Erdverbindung zuletzt zu beseitigen.

⁴) Sollen Kabel geschnitten oder Muffen demontiert werden, so müssen sie der Vorschrift entsprechend stromlos, kurzgeschlossen und geerdet sein. Da aber die zu schneiden- den Kabel in demselben Graben mit Hochspannungskabeln liegen können und eine Verwechslung möglich ist, so soll in solchen Fällen folgendermaßen verfahren werden:

Ist nicht jeder Zweifel ausgeschlossen, daß das freigelegte Kabel das zu schneidende und stromlos gemachte ist, so hat der Kabellöter mit Gummihandschuhen und Schutzbrille zu arbeiten. Zu seiner ferneren Sicherheit hat er beispielsweise einen Dorn, wie er zum Gasbohren verwendet wird, in das zu schneidende Kabel zu treiben, welcher mittels Klemme und Kupferseil sicher geerdet ist, oder er hat das Kabel mit einer Säge, die ebenfalls mittels Klemme und Seil sicher geerdet ist und isolierten Griff trägt, zu durchschneiden. Es zeigt sich bei diesem Verfahren sofort, ob man es mit einem strom- führenden Kabel zu tun hatte, in welchem Falle aber der Irrtum ohne Folgen für den Arbeiter sein wird.

Die Anwesenheit des Betriebsleiters ist in diesen Fällen nicht erforderlich, da der Löter als instruierte Person gelten kann.

⁵) Es empfiehlt sich, an den Trennstellen der ausgeschalteten Leitungen und Betriebsmittel ein Plakat anzubringen mit etwa folgender Aufschrift: »Nicht ein- schalten !«

§ 12.

Jeder im Hochspannungsbetrieb Beschäftigte hat alle wahrgenommenen außergewöhnlichen Vorkommnisse und Störungen sofort dem nächsten Vorgesetzten zu melden und ist verpflichtet, alle zu seinem Arbeitsbereich gehörigen Maßnahmen zu treffen, welche nach der erhaltenen Instruktion geeignet erscheinen, Gefahren für Personen und für den Betrieb zu verhindern oder zu beseitigen.

VI. Zustand der Anlagen und Revisionen.

§ 13.

Die Vorschriften der §§ 6 und 7 finden auch für Hochspannungsanlagen sinngemäße Anwendung.

Die Vereinigung der Elektrizitätswerke

hat die nachverzeichneten Drucksachen herausgegeben, welche zu den beigesetzten Preisen vom Vorsitzenden, Herrn Stadtbaurat Uppenborn, München, Ledererstraſse 2/III, bezogen werden können.

Formularien für Elektrizitätszählerstatistik.

Preis pro Expl.
Pf.

Aronscher Umschaltzähler	9,5
Motorzähler mit Bürsten und Dauermagnetbremsfeld System Schuckert, Union, Luxwerke, Siemens-Halske	5,5
Wendemotorzähler System A. E. G.	11,5
Motorinduktionszähler mit Dauermagnetbremsfeld, System Raab, Siemens-Halske, Union u. A. E. G.	8,3
Aronsche langpendelige Amperestundenzähler . . .	6,1
Aronsche langpendelige Wattstundenzähler	12,0
Zählerprüfungsheft	0,9
Inhaltsverzeichnis zu den Zählerprüfungsheften . .	3,4
Bericht über den Bestand an Elektrizitätszählern des Elektrizitätswerkes	7,8

Sonstige Drucksachen.

Sicherheitsvorschriften für den Betrieb elektrischer Starkstromanlagen (in Plakatform)	20
Vertrag über Lieferung von Akkumulatorenbatterien	15
Normalien für einfache Gleichstromkabel mit und ohne Prüfdraht bis 700 Volt	5
Vertragsbedingungen betr. die Lieferung von Gleichstromkabeln bis 700 Volt	5
Normalien für Gummiband- und Gummiaderschnüre	5
Vertragsbedingungen betr. Lieferung von Gummiband- und Gummiaderschnüren	5
Vorschriften über die Anordnung von Anschlussklemmen und Prüfschalteinrichtungen an Gleichstromzählern bis zu 2·100 A.	5

Ferner hat die Vereinigung noch folgende Vorschriften und Normalien aufgestellt, welche in den angegebenen Nummern der Mitteilungen veröffentlicht sind.

Vorschriften über Herstellung und Unterhaltung von Holzgestängen f. elektr. Starkstromanlagen.	Jahrg.	1903	Seite	78
Pendelschnurnormalien	„	1903	„	76
Normalien für Isolierrohre.	„	1903	„	79
Normalien für Fassungsadern	„	1902	„	149
Vorschriften f. die Konstruktion und Prüfung von Installationsmaterial	„	1902	„	129

www.ingramcontent.com/pod-product-compliance
Lightning Source LLC
Chambersburg PA
CBHW031456180326
41458CB00002B/792